BEI GRIN MACHT SICH IHR WISSEN BEZAHLT

- Wir veröffentlichen Ihre Hausarbeit, Bachelor- und Masterarbeit

- Ihr eigenes eBook und Buch - weltweit in allen wichtigen Shops

- Verdienen Sie an jedem Verkauf

Jetzt bei www.GRIN.com hochladen und kostenlos publizieren

Bibliografische Information der Deutschen Nationalbibliothek:

Die Deutsche Bibliothek verzeichnet diese Publikation in der Deutschen National-
bibliografie; detaillierte bibliografische Daten sind im Internet über http://dnb.d-
nb.de/ abrufbar.

Impressum:

Copyright © 2018 GRIN Verlag
Druck und Bindung: Books on Demand GmbH, Norderstedt Germany
ISBN: 9783668736634

Dieses Buch bei GRIN:

https://www.grin.com/document/430785

Oliver Hampe

Conodonten. Mikropaläontologische Thematik in der Philatelie

GRIN Verlag

Mikropaläontologische Thematik in der Philatelie: Conodonten

Oliver Hampe

Inhaltsverzeichnis

Stichwort: Paläophilatelie 2

Conodonten – unser gegenwärtiger Wissensstand 3

Die „Kegelzähne" in Industrie und Forschung 6

Systematik der abgebildeten Conodonten auf einer Briefmarke Kanadas 8

Gondolelloides canadensis HENDERSON & ORCHARD, 1991 8

Vogelgnathus pesaquidi PURNELL & BITTER, 1992 9

Taphrognathus transatlanticus BITTER & AUSTIN, 1984 9

Polygnathidae indet. 10

Mestognathus bipluti HIGGINS, 1961 11

Resümee 13

Dank 14

Literaturverzeichnis 14

Stichwort: Paläophilatelie

Fossildarstellungen und hauptsächlich auch die Rekonstruktionen aus-
gestorbener Tiere spielen in der Philatelie heutzutage eine nicht unbe-
deutende Rolle. Seit Jahren werden weltweit zahlreiche Neuerscheinun-
gen registriert. Seit Beginn des Saurier-Booms in den 1980er-Jahren ist
ein immer stärkerer Anstieg an Briefmarken zu dieser Motivthematik zu
verzeichnen. Die Inflation an Marken mit urzeitlichen Tieren und Pflan-
zen geht leider auch mit einem Qualitätsverlust in unterschiedlichsten
Darstellungen einher. Längst wird nicht mehr mit der gebotenen Sorgfalt
recherchiert und private Agenturen überschwemmen den Markt mit
Postwertzeichen, die teilweise nie für den eigentlichen Postverkehr vor-
gesehen sind.

Trotzdem existieren seriös verausgabte Briefmarken, deren Motivwahl
und Gestaltung wissenschaftlich begleitet wurden und die es wert sind,
gründlicher beleuchtet zu werden. Zwar gibt es diverse Publikationen
von katalogartigem Charakter, jedoch wurden erst in der jüngeren Ver-
gangenheit, und hier insbesondere im deutschsprachigen Raum, verein-
zelt auch Arbeiten publiziert, die sich mit fachwissenschaftlichem Hintergrund zu den abgebildeten Motiven auseinandersetzten, wie BITTER
(1977) in Stammbäumen und Kladogrammen zur Elefanten-, Homininen-
und Ammonitenevolution, HAMPE (1998) zu fossilen Amphibien,
SCHULTZE & HAMPE (2001) zu Knochenfischen, ERNST & RUDOLPH 2002
zu Trilobiten, LORENZ (2003, 2004) zur fossilen Pflanzenwelt, SPINDLER
(2007) über Pterosaurier, HAMPE (2009a, 2009b) zu fossilen Walen sowie ERNST & KLUG (2011) zu Nautiliden und Ammoniten. Informationen
zu Fossilien auf Briefmarken, meist philatelistischer Natur, findet man
mittlerweile auch auf diversen Internet-Portalen.

Den größten Anteil aller abgebildeten Organismengruppen, wie soll es
auch anders sein, stellen selbstverständlich die Dinosaurier, die weit
mehr als die Hälfte aller Briefmarken umfassen, gefolgt von prähistori-
schen Säugetieren und den Flugsauriern. Wirbellose Tiere oder auch
pflanzliche Fossilien nehmen eine eher untergeordnete Rolle ein. Mikrofossilien auf Briefmarken treten praktisch kaum in Erscheinung. So finden wir Conodonten, das Thema dieses Artikels, bislang nur auf einem
Postwertzeichen, hier aber mit für die Taxonomie und Systematik wichti-

gen Typen und Originalen. Deren wissenschaftlichen Hintergrund zu beleuchten ist Gegenstand dieses Artikels. Besagte Briefmarke gehört zu einem kanadischen Satz, bestehend aus vier 40ct-Marken, der als Kleinbogen herausgegeben wurde, verausgabt am 5. April 1991 unter dem Motto "Prehistoric Life in Canada, The Age of Primitive Vertebrates". Die bläulich grün gefärbte Marke (Hauptfarbkomponente) mit fünf Conodonten erschien zusammen mit einer hellgrün-oliven Marke mit *Archaeopteris halliana*, einer frühen baumartigen Pflanze mit farnartiger Beblätterung (nicht zu verwechseln mit dem Urvogel *Archaeopteryx*). *Archaeopteris* zählt zu den Progymnospermen und ist ein Indexfossil des Oberdevons und Unterkarbons (FAIRON-DEMARET et al. 2001). Dazu kommt eine mittelultramarin gefärbte Briefmarke, die den osteolepiformen Fleischflosser *Eusthenopteron foordi* aus dem Oberdevon (Frasnium) von Québec abbildet (s. SCHULTZE & HAMPE 2001), sowie als viertes eine dunkelgrüne Marke mit *Hylonomus lyelli*, dem ältesten bekannten Amnioten aus dem Karbon der bedeutenden Fundstelle Joggins der Provinz Nova Scotia (CARROLL et al. 1972, FALCON-LANG et al. 2010).

Es ist ein Kleinbogen aus einer Serie von Vieren, die vergangene Lebensformen Kanadas zum Inhalt haben. Die anderen erschienen 1990 ("The Age of Primitive Life"), 1993 ("The Age of Dinosaurs"), sowie 1994 ("The Age of Mammals").

Conodonten – unser gegenwärtiger Wissensstand

Conodonten sind winzige, zahnähnliche Elemente, die aus Calciumphosphat bestehen. Kennzeichnend ist ein kegel- oder plattenförmiger Basalkörper, der in der basalen Vertiefung (Pseudopulpa) des eigentlichen Conodonten befestigt ist. Generell unterscheidet man zwischen einzähnigen, also einfachen Conodonten, Zahnreihen-Conodonten und Plattform-Conodonten (z.B. LEHMANN & HILLMER 1980). Intern sind Conodonten aus Lamellen aufgebaut – ihr Wachstum ist zentrifugal, d.h., es werden außen neue Lamellen gebildet.

Conodonten sind für die Stratigraphie von hoher Bedeutung. Eine schnelle Evolutionsrate bedingte einen sehr raschen Formenwandel dieser phosphatischen Elemente. So wurden die Conodonten-Elemente in ihren Massenvorkommen in marinen Ablagerungen zu bedeutsamen Leitfossilien für die Feinstratigraphie. Ihre Verbreitung reicht vom frühen Kambrium bis in die obere Trias (BENGTSON 1983, RIGO & JOACHIMSKI 2010). Die Fossilien erlauben eine äußerst detaillierte Unterteilung des Paläozoikums und des älteren Mesozoikums, da viele Arten nur sehr kurzlebig und aufgrund ihrer wahrscheinlich pelagischen Lebensweise weit verbreitet waren und zudem oft Fazies-unabhängig auftreten.

Funde mit Weichteilerhaltung zeigten Tiere, die neben den phosphatischen, zahnartigen Elementen wahrscheinlich auch funktionierende Augenpaare besaßen. So waren die Conodonten aalartige Freiwasserbewohner. Der Körper war seitlich abgeflacht und besaß eine asymmetrische Schwanzflosse am Körperende (Abb. 1). In seiner gesamten Länge wurde der Körper von einer Chorda dorsalis durchzogen. V-förmige Muskelsegmente, sogenannte Myomere, sind nachgewiesen. Paarige sensorische Organe sind ebenfalls bekannt. Am Vorderende der Kopfregion besaßen die Conodonten offenbar deutlich entwickelte, große Augen (vergl. ALDRIDGE & DONOGHUE 1998: fig. 2.5). Die zahnartigen Conodonten bildeten in einem Mundtrichter komplexe Apparate von gebissartiger Struktur (PURNELL et al. 2000, GOUDEMAND et al. 2011). Diese Gebilde bestehen aus vielen kleinen, oft kammartig gestalteten Elementen mit unterschiedlich für die Nahrungsaufnahme ausgestatteten Funktionen bis hin zu einer Säugetier-ähnlichen Okklusion (DONOGHUE & PURNELL 1999). Obwohl die nur in der Regel etwa 0,1 bis 0,2 mm – maximal 3 bis 7 mm – großen Elemente des Conodonten-Apparates äußerlich Ähnlichkeiten mit Zähnen der kiefertragenden Tiere aufweisen, sind sie diesen nicht homolog. NICOLL (1995) interpretiert hier die Funktion des Conodonten-Apparates zum microphagen Filtern von Nahrungspartikeln. Obwohl die Conodonten-Elemente schon sehr lange bekannt sind, gelangen zuverlässigere systematischen Betrachtungen erst durch die Funde von Weichteilfossilien, erstmalig aus dem Unterkarbon von Edinburgh/Schottland (BRIGGS et al. 1983). Die Taxonomie der Conodonten ist zudem im Umbruch begriffen – von einer mono-elementaren zu einer multi-elementaren (SWEET & DONOGHUE 2001).

Die systematische Position der Conodonten ist nach wie vor umstritten. Ursprünglich wurden sie von PANDER (1856) als Kiefer von Anneliden (Ringelwürmer) gedeutet, später dann in verschiedene Stämme des Tierreichs eingereiht, u.a. zu den Gastropoden (Schnecken → durch das Radula-ähnliche Erscheinungsbild) oder den Cnidaria (Nesseltiere), und einmal sogar als Algen fehlinterpretiert.

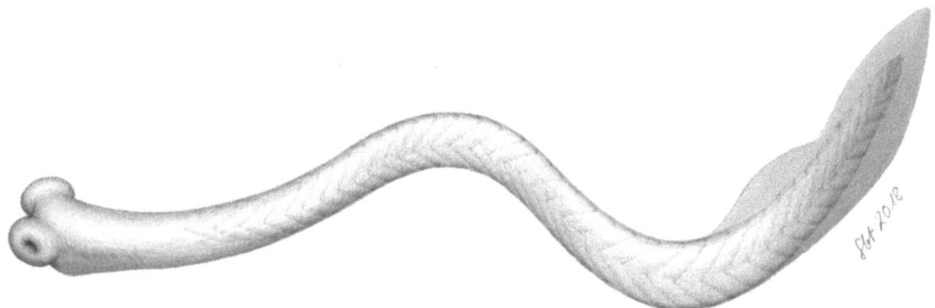

Abb. 1. Rekonstruktion eines Conodonten-Tieres als pelagisch lebender Schwimmer nach gegenwärtigem Kenntnisstand: Der wurmartige Körperbau zeigt fossil überlieferte, für Wirbeltiere untypische V-förmige Muskelmyomere. Die Gestalt und genaue Lage einer Mundöffnung am vorderen Körperende ist nicht bekannt. Paarige, anteriore Ausbuchtungen werden als Augen oder Augentrichter interpretiert. Kiemenschlitze oder -öffnungen sind nicht evident, es gibt bislang auch keine Hinweise auf das Vorhandensein einer Nasen- oder einer Hypophysenöffnung.

Seit einiger Zeit betrachtet eine Gruppe von Autoren, vorwiegend aus England, die Conodonten als den Wirbeltieren zugehörig (DONOGHUE et al. 2000). Sehr viele Argumente sprechen allerdings gegen diese Annahme. Conodonten zum Beispiel fehlen Odontoden, die für den Aufbau eines Exoskeletts verantwortlich sind und bei allen frühen Wirbeltieren bereits nachgewiesen sind. Auch ist die Kristallisationsstruktur des Apatits anders als bei Knochen, Dentin und Schmelz der Wirbeltiere (DZIK 2000). Das Wachstum der zahnähnlichen Elemente ist zentrifugal im Gegensatz zum zentripetalen Wachstum (in die Pulpahöhle hinein) bei Wirbeltierzähnen. MURDOCK et al. (2013) postulieren für die unterschiedlichen Gewebetypen eine konvergente Entwicklung zwischen euconodonten Elementen und Odontoden der Wirbeltiere. Der Cephalisationsgrad ist sehr niedrig und entspricht eher dem Level lebender Cephalochordaten. Die oben bereits erwähnte V-förmige Struktur der Myomere spricht gegen eine Zugehörigkeit zu den Wirbeltieren, die eine W-förmige Struktur zeigen (TURNER et al. 2010).

Neue phylogenetische Analysen zeigen, dass Conodonten weder Craniata, noch Wirbeltiere, noch Stamm-Gnathostomen sind und eher nahe den Cephalochordata (Beispiel: lebendes Lanzettfischchen *Branchiostoma lanceolatum*) zu verorten wären (TURNER et al. 2010).

Die „Kegelzähne" in Industrie und Forschung

Eine wichtige Eigenschaft der Conodonten wird in der Rohstoffgeologie genutzt. Es handelt sich um den Erhaltungszustand bzw. ihre Färbung, die Conodonten je nach Diagenese- oder Metamorphosegrad des die Fossilien umschließenden Gesteins aufweisen. In sowohl Feld- als auch Laborexperimenten wurden temperaturabhängige Veränderungen in der Farbgebung von Conodonten dokumentiert und aufgrund deren Uniformität eine achtstufige Farbskala, der sogenannte „Conodont Alteration Index" (CAI) entwickelt (EPSTEIN et al. 1977; siehe auch KÖNIGSHOF 1992, 2003). Der CAI gilt als Maß für die thermische Überprägung und den Grad der Metamorphose eines Gesteins. Der Bauplan der Conodonten-Elemente besteht aus einer lamellaren Wechsellagerung von Hydroxylapatit mit geringem Calciumcarbonat-Anteil und organischer Substanz (PIETZNER et al. 1968). Durch den Temperaturanstieg während der Diagenese durch Subsidenz, Auflast und Kompaktion des Sediments kommt es zunehmend zum Verlust an organischer Substanz (vermutlich durch Oxidation und Verflüchtigung von Oxiden; CAI 2 bis 3) und schließlich zur Inkohlung. Die ursprünglich beige- bis cremefarbenen Conodonten werden dunkler (Brauntöne) und sind bei etwa 300°C nahezu schwarz (CAI 5). Höhere Temperaturen (REJEBIAN et al. 1987) führen über Grauwerte (CAI 6) bei 360°C bis 550°C wieder zu einer Aufhellung. Bei 700°C sind die Elemente vollkommen weiß und noch opak (CAI 7), bei 950°C dann kristallklar durchscheinend (CAI 8). In diesem Zusammenhang soll aber bemerkt werden, dass die Ergebnisse bei Temperaturen oberhalb von 550°C experimentell an der Luft erzielt worden sind und nicht zwangsläufig die Zustände im Gestein widerspiegeln.
Die Verfärbung von Conodonten ist ein wichtiger Indikator bei der Prospektion auf Erdöl und Erdgas. Da bei höheren Temperaturen Kohlenwasserstoffe in Sedimenten instabil werden (z.B. Zerstörung von Methan

durch Bildung von Polysulfiden; Tɪssoт & Wᴇʟᴛᴇ 1984), scheiden Schichtglieder mit solchen Beanspruchungsgraden als Speichergesteine für fossile Energieträger aus (Erdölbildung bis etwa 170°C, entspricht einen CAI von 1,5 bis 2, danach vorwiegend Erdgas bis etwa 200°C, CAI 4,5; z.B. Bᴇʀᴋᴏᴡɪᴛᴢ 1997).

Conodonten können auch wertvolle Beiträge zur Klimaforschung liefern. Sauerstoffisotopenanalysen an devonischen und karbonischen Conodonten beweisen ein hohes Potential zur Rekonstruktion von hochauflösenden Sauerstoffisotopenkurven. Damit tragen sie maßgeblich zum Erkennen und Deuten globaler Erwärmungen und Abkühlungen bei (Jᴏᴀᴄʜɪᴍsᴋɪ & Bᴜɢɢɪsᴄʜ 2002) und erbringen Daten bezüglich Genese und Reduktion von Eisschilden während der allein südpolaren permokarbonen Vereisung (Jᴏᴀᴄʜɪᴍsᴋɪ et al. 2006).

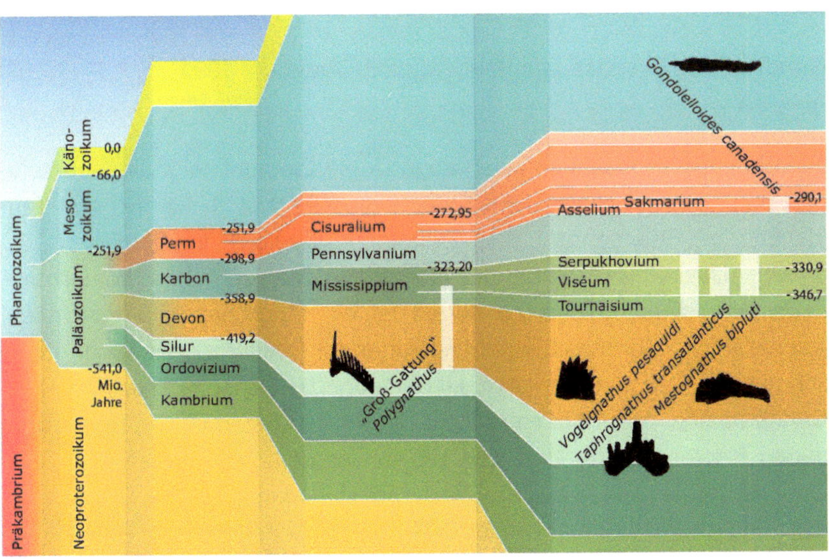

Abb. 2. Stratigraphische Verbreitung (helle Balken) der auf der Briefmarke Kanadas präsentierten Conodonten.

Systematik der abgebildeten Conodonten
auf einer Briefmarke Kanadas

Von den etwa sieben heute bekannten Ordnungen finden sich Elemente der beiden Ordnungen Prioniodinida und Ozarkodinida auf einem Postwertzeichen wieder, die sich in der Form und des Vorhandenseins bestimmter Elementtypen innerhalb des Conodonten-Apparates unterscheiden. Die stratigraphische Verbreitung der vorgestellten Conodonten ist zusammengefasst in Abb. 2 dargestellt.

Conodonta PANDER, 1856
Conodontophorida EICHENBERG, 1930
"Euconodonta" JANVIER, 1997
Ordnung Prioniodinida SWEET, 1988
Familie Gondolellidae LINDSTRÖM, 1970
Gattung *Gondolelloides* HENDERSON & ORCHARD, 1991

Gondolelloides canadensis HENDERSON & ORCHARD, 1991
Abb. 3A

Beschreibung. Das links oben abgebildete Element zeigt die Oberseite des Holotypus (s. HENDERSON & ORCHARD 1991: pl. 1, fig. 12) aus dem Institute of Sedimentary and Petroleum Geology in Calgary (GSC 64590). Das Objekt wurde aus Gesteinen aus dem Nordwesten von Ellesmere Island gelöst. Zu sehen ist ein längliches und schlankes, „gondelartig" geformtes Element mit einer der Plattform gegenüber etwas schmaleren Carina. Eine kurze, klauenartige Spitze ist zu erkennen – die Carina besteht aus 13 in einer Reihe angeordneten, miteinander verbundenen Knoten. Es handelt sich um ein sogenanntes Pa-Element (zur Orientierung und Nomenklatur von Einzelelementen siehe DZIK 1991), das sind meist kammähnliche Conodonten des caudalen Abschnittes eines Conodonten-Apparates.

Größe. Länge der Elemente bis 2,35 mm

Stratigraphisches Vorkommen. Asselium bis Sakmarium, Cisuralium
(Unterperm)
Geographische Verbreitung. Westkanada und kanadische Arktis

Ordnung Ozarkodinida DZIK, 1976
Gattung *Vogelgnathus* NORBY & REXROAD, 1985

Vogelgnathus pesaquidi PURNELL & BITTER, 1992
Abb. 3B

Beschreibung. Bei dem mittleren Element auf der linken Hälfte der
gleichen Briefmarke Kanadas handelt es sich ebenfalls um einen Holotypus, der im Royal Ontario Museum der kanadischen Hauptstadt Ottawa
aufbewahrt wird (ROM 48680). Es ist der Holotypus zu Morphotyp I
(PURNELL & BITTER 1992: fig. 11-2), der aus Nova Scotia stammt. Dieses
Vogelgnathus-Element besteht aus acht fächerartig aneinandergereihten
Spitzen, die auf einer auffallend hohen Basis platziert sind. Dunkel hebt
sich die basale Pulpahöhle mit ihrem lanceolatem Umriss ab. Auch bei
Vogelgnathus pesaquidi handelt es sich um ein Pa-Element.

Größe. Länge des Elementes weniger als 0,35 mm
Stratigraphisches Vorkommen. Tournaisium bis Serpukhovium, Mississippium (Unterkarbon)
Geographische Verbreitung. Kanadische Atlantikprovinzen, Nord-
england und SW-Schottland

Familie Cavusgnathidae AUSTIN & RHODES, 1981a
Gattung *Taphrognathus* BRANSON & MEHL, 1941

Taphrognathus transatlanticus BITTER & AUSTIN, 1984
Abb. 3C

Beschreibung. Das rechte obere Element ist in einer Originalarbeit von
BITTER & AUSTIN (1984: pl. 17, fig. 13) abgebildet und befindet sich eben-

falls in der Sammlung des Royal Ontario Museums in Ottawa unter der Inventarnummer ROM 38490. Entdeckt wurde das Element im Südwesten Neufundlands. Das bilateral-symmetrische, schmetterlingsartig gestaltete Teil ist von seiner Rückseite dargestellt. Es handelt sich um ein Tr-Element, ein innerhalb des Conodonten-Apparates zentral positioniertes, symmetrisch gestaltetes Element. Beide Flügel dieses Conodonten-Elementes stehen in einem Winkel von etwa 120° zueinander und tragen jeweils mehrere stumpfe Dentikel. Eine Hauptspitze befindet sich am Scheitelpunkt der Flügel.

Größe. Breite des Elementes etwa 0,2 mm
Stratigraphisches Vorkommen. Viséum, Mississippium (Unterkarbon)
Geographische Verbreitung. England und Neufundland/Kanada

Familie Polygnathidae BASSLER, 1925
Polygnathidae indet.
Abb. 3D

Beschreibung. Bei dem linken, unteren Element handelt es sich um ein nicht näher klassifizierbares rostrales Element (M-Element) eines Conodonten-Apparates. Es besteht aus einem längeren Ast, der extrem schlanke Spitzen trägt mit einer kurzen, abgewinkelten Basis, auf der sich eine Spitze von etwa doppelter Höhe befindet (vergl. SWEET 1988: fig. 5.44).
Conodonten-Tiere besitzen jeweils ein einzelnes Paar von M-Elementen. Diese sind locker mit den S-Elementkombinationen verbunden. Ihre Morphologie ist häufig recht komplex. Dennoch ist ihre Funktionsrolle eindeutig. Sie stellen die „Gabel" dar, die die Nahrung fixiert, während sie durch die S-Elemente geschnitten oder geschaufelt werden, die als eine Kombination von „Messer" und „Löffel" interpretiert werden können.
Eine Klassifikation selbst auf Gattungsebene ist an einem einzelnen M-Element nicht möglich. Die Systematik innerhalb der Polygnathidae befindet sich zurzeit im Umbruch. BARDASHEV et al. (2002) zogen die Gattung *Polygnathus* ein und stellten eine Reihe neuer Gattungen auf. Die

erste Abtrennung eigener Genera aus dem riesigen „Sammeltopf" *Poly-gnathus* (Lochkovium – Tournasium-Viséum-Grenze) erfolgte bereits durch VORONTSOVA (BARSKOV et al. 1991). *Polygnathus* als Genus wird jedoch sicher auch zukünftig bestehen bleiben.

Größe. Länge des Elementes etwa 1 mm
Stratigraphisches Vorkommen der Gattung *Polygnathus*. Loch-kovium (Unterdevon) bis basales Viséum, Mississippium (Unterkarbon)
Geographische Verbreitung. Europa, Russland, Zentral- und Süd-asien, Australien, Nordamerika, Mexiko, Brasilien, Marokko

Familie Mestognathidae AUSTIN & RHODES, 1981b
Gattung *Mestognathus* BISCHOFF, 1957

Mestognathus bipluti HIGGINS, 1961
Abb. 3E

Beschreibung. Dieses P-Element eines *Mestognathus bipluti* ist auf der erwähnten kanadischen Sondermarke rechts unten zu sehen. Auch hier handelt es sich um eine Original, das heißt, es ist in einer wissenschaftli-chen Publikation abgebildet, und zwar in BITTER et al. (1986: text-fig. 1; pl. 18, fig. 5, 10; pl. 20, fig. 1, 2 Details; pl. 24, fig. 1). Es stammt aus Nova Scotia und wird unter der Inventar-Nummer ROM 43422 im Royal Ontario Museum Ottawa beherbergt. Das Element besteht aus einer spatelartigen, langgezogenen Plattform mit flachen gezähnelten Carinae und einem etwas höherem, gezähnelten vorderen Blatt. Das Element ist hier in Lateralansicht dargestellt. Das Typusstück dieser Art stammt al-lerdings aus dem Pendleium (= unteres Serpukhovium) von North Staf-fordshire in England (HIGGINS 1961).

Größe. Länge des Elementes 1,2 mm
Stratigraphisches Vorkommen. Viséum bis Serpukhovium , Missis-sippium (Unterkarbon)
Geographische Verbreitung. Nordost-Kanada, Großbritannien und Irland, Belgien, Deutschland, Polen, Spanien

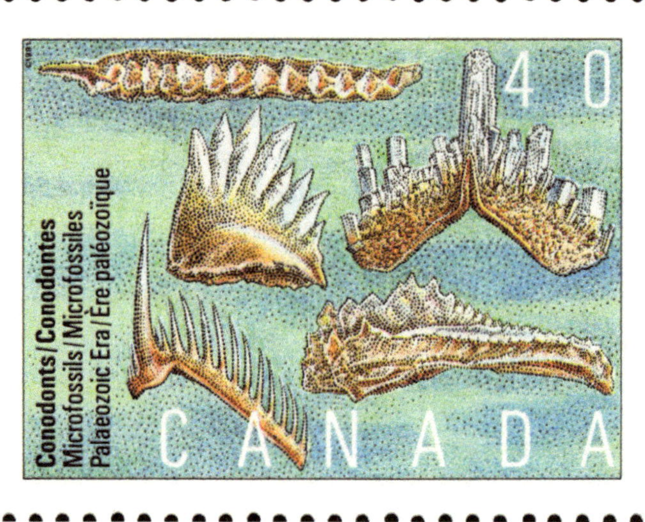

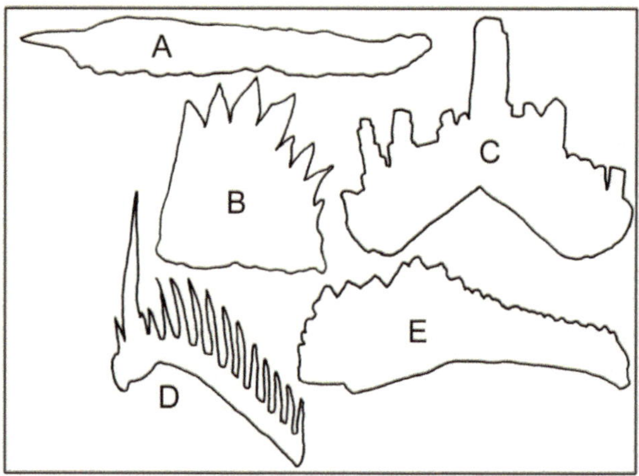

Abb. 3. 40 ct-Briefmarke Kanadas, erschienen am 05.04.1991 mit einer Auflage von 3.750.000 Stück aus der Serie "Prehistoric Life in Canada", hier der zweiten Ausgabe unter dem Titel „The Age of Primitive Vertebrates" mit fünf abgebildeten Conodonten: **A.** *Gondolelloides canadensis*, GSC 64590, Holotypus, Ellesmere Island, Nunavut-Territorium; **B.** *Vogelgnathus pesaquidi*, Holotypus, ROM 48680, nahe Windsor, Nova Scotia; **C.** *Taphrognathus transatlanticus*, ROM 38490, Neufundland, Provinz Neufundland und Labrador; **D.** Polygnathidae indet.; **E.** *Mestognathus bipluti*, ROM 43422, Nova Scotia.

Resümee

Die kanadische Briefmarke ist bislang die einzige, die Conodonten abbildet. Überhaupt treten Mikrofossilien auf Briefmarken praktisch kaum in Erscheinung. Andere wichtige tierische Überreste aus dem Bereich der Mikropaläontologie wären die Foraminiferen („Kämmerlinge"). Auf einer in Tunesien am 21.03.1974 verausgabten Marke ist anlässlich des „6e Colloque Africain de Micropaléontologie" ein Vertreter der Globigerinida im Umriss des afrikanischen Kontinents ganz oben abgebildet. Es handelt sich um rein planktonische Foraminiferen, die ein Gehäuse aus Calcit in zusammengesetzt-kugeliger Form bilden. Globigerinen kommen auch heute noch vor – älteste Formen dieser Gruppe sind aus dem Mitteljura (Bajocium, über 170 Mio Jahre alt) bekannt (SIMMONS et al. 1997). Bildfüllend in seiner ganzen Pracht bildeten die „Französischen Gebiete in der Antarktis" eine, allerdings rezente, Globigerine, *Turborotalita quinqueloba*, auf einer 04.05.2017 erschienenen Briefmarke ab (GUPTA et al. 2009).

Slowenien bildet auf einem Postwertzeichen vom 07.05.1993 eine fusulinide Großforaminifere, *Sphaeroschwagerina carniolica* (Gattungsname *"Schwagerina"* auf der Briefmarke) ab, eine semi-infaunal im flachen Subtidal des untersten Perm (Asselium) lebenden Form (FORKE 2002), bekannt aus der Dovžan-Schlucht, einem bekannten Naturdenkmal bei Tržič in Nordslowenien.

Die mützenartige Radiolarie *Lamprocyclas maritalis* (Polycystida: Nassellaria) ist auf einer Briefmarke Norwegens verewigt worden (16.09.2005; Thema: Geologie des Kontinentalsockels). Die Gattung ist seit dem Oligozän bekannt – die Art ist allerdings rezent und kommt in Ozeantiefen bis 2.000 m vor (LAZARUS 2017). Ihr Skelett besteht aus reinem Opal, einem amorphem Siliziumdioxid mit eingelagerten Wassermolekülen. Radiolarien („Strahlentierchen") gehören wie die Foraminiferen zu den Rhizaria, amöboiden Einzellern, die fossil erhaltungsfähige Schalen oder Gehäuse bilden.

Mikrofossilien stellen, subjektiv betrachtet, möglicherweise weniger attraktive Motive für Postverwaltungen und -agenturen dar. Sie spielen aber gerade in den Geowissenschaften immer noch eine wesentliche

Rolle bei der Altersbestimmung von Gesteinen, der Klimaforschung und Ökologie sowie der Lokalisierung von Rohstoffquellen.

Dank

Elke Siebert sei gedankt für die graphische Umsetzung bzw. Gestaltung der Abbildungen zur Lebendrekonstruktion und zur Stratigraphie. Dr. Dieter Weyer danke ich herzlich für das Gegenlesen des Manuskriptes und seine hilfreichen Anregungen.

Literaturverzeichnis

ALDRIDGE, R.J. & DONOGHUE, P.C.J. (1998): Conodonts: A sister group to hagfishes? – In: JØRGENSEN, J.M., LOMHOLT, J.P., WEBER, R.E. & MALTE, H. (Hrsg.): The biology of hagfishes, S. 15–31; Chapman & Hall.

AUSTIN, R.L. & RHODES, F.H.T. (1981a): Family Cavusgnathidae. – In: CLARK, D.L., SWEET, W.C., BERGSTRÖM, S.M., KLAPPER, G., AUSTIN, R.L., RHODES, F.H.T., MÜLLER, K.J., ZIEGLER, W., LINDSTRÖM, M., MILLER, J.F. & HARRIS, A.G. (Hrsg.): Treatise on Invertebrate Paleontology, Part W, Miscellanea. Supplement 2, Conodonta, S. W158–W160; Geological Society of America.

AUSTIN, R.L. & RHODES, F.H.T. (1981b): Family Mestognathidae. – In: CLARK, D.L., SWEET, W.C., BERGSTRÖM, S.M., KLAPPER, G., AUSTIN, R.L., RHODES, F.H.T., MÜLLER, K.J., ZIEGLER, W., LINDSTRÖM, M., MILLER, J.F. & HARRIS, A.G. (Hrsg.): Treatise on Invertebrate Paleontology, Part W, Miscellanea. Supplement 2, Conodonta, S. W172, Geological Society of America.

BARSKOV, I.S., VORONTSOVA, T.N., KONONOVA, L.I. & KUZ'MIN, A.V. (1991): Opredelitel' konodontov devona i nizhnego karbona [rod *Polygnathus*]. – 184 S.; Moskovskiy Gosudarstvennyy Universitet, Geologicheskiy Fakultet Moskau.

BARDASHEV, I.A., WEDDIGE, K. & ZIEGLER, W. (2002): The polymorphogenesis of some Early Devonian platform conodonts. – Senckenbergiana Lethaea **82**(2): 375–451.

BASSLER, R.S. (1925): Classification and stratigraphic use of the conodonts. – Geological Society of America Bulletin **36**: 218–220.

BENGTSON, S. (1983): The early history of the Conodonta. – Fossils and Strata **15**: 5–19.

BERKOWITZ, N. (1997): Fossil hydrocarbons: chemistry and technology. – 351 S.; San Diego Academic Press.

BISCHOFF, G. (1957): Die Conodonten-Stratigraphie des rheno-herzynischen Unterkarbons mit Berücksichtigung der *Wocklumeria*-Stufe und der Devon/Karbon-Grenze. – Abhandlungen des Hessischen Landesamtes für Bodenforschung **19**: 1–64.

BITTER, P.H. VON (1977): Fossils in the mail. Ancient organisms in modern designs. – Rotunda **10**(4): 4–11.

BITTER, P.H. VON & AUSTIN, R.L. (1984): The Dinantian *Taphrognathus transatlanticus* conodont range zone of Great Britain and Atlantic Canada. – Palaeontology **27**(1): 95–111.

BITTER, P.H. VON, SANDBERG, C.A. & ORCHARD, M.J. (1986): Phylogeny, speciation, and palaeoecology of the Early Carboniferous (Mississippian) conodont genus *Mestognathus*. – Royal Ontario Museum Life Sciences Contributions **143**: 1–115.

BRANSON, E.B. & MEHL, M.G. (1941): Conodonts from the Keokuk formation. – Bulletin of the scientific laboratories of Denison University **35**: 179–188.

BRIGGS, D.E.G., CLARKSON, E.N.K. & ALDRIDGE, R.J. (1983): The conodont animal. – Lethaia **16**(1): 1–14.

CARROLL, R.L., BELT, E.S., DINELEY, D.L., BAIRD, D. & MCGREGOR, D.C. (1972): Field Excursion A59. Vertebrate Paleontology of Eastern Canada. – In: Glass, D.J. (Hrsg.): XXIV International Geological Congress, Montreal, Québec, 1972 Guidebook. – 113 S.; John D. McAra Limited.

DONOGHUE, P.C.J. & PURNELL, M.A. (1999): Mammal-like occlusion in conodonts. – Paleobiology **25**(1): 58–74.

DONOGHUE, P.C.J., FOREY, P.L. & ALDRIDGE, R.J. (2000): Conodont affinity and chordate phylogeny. – Biological Reviews of the Cambridge Philosophical Society **75**: 191–251.

DZIK, J. (1976): Remarks on the evolution of Ordovician conodonts. – Acta Palaeontologica Polonica **21**: 395–455.

DZIK, J. (1991): Evolution of oral apparatuses in the conodont chordates. – Acta Palaeontologica Polonica **36**: 265–323.

DZIK, J. (2000): The origin of the mineral skeleton in chordates. – In: HECHT, M.K., MACINTYRE, R.J. & CLEGG, M.T. (Hrsg.): Evolutionary Biology. Volume 31, S. 105–154; Kluwer.

EICHENBERG, W. (1930): Conodonten aus dem Culm des Harzes. – Paläontologische Zeitschrift **12**: 177–182.

EPSTEIN, A.G., EPSTEIN, J.B. & HARRIS, L.D. (1977): Conodont color alteration: An index to organic metamorphism. – Geological Survey Professional Paper **995**: 1–27.

ERNST, H.U. & KLUG, C. (2011): Perlboote und Ammonshörner weltweit. Die Welt der Kopffüßer und ihr Spiegelbild in der Philatelie. – 224 S.; Verlag Dr. Friedrich Pfeil.

ERNST, H.U. & RUDOLPH, F. (2002): Trilobiten weltweit. Die Welt der Dreilapper und ihr Spiegelbild in der Philatelie. – 118 S.; Verlag Dr. Friedrich Pfeil.

FAIRON-DEMARET, M., LEPONCE, I. & STREEL, M. (2001): *Archaeopteris* from the upper Famennian of Belgium: heterospory, nomenclature, and palaeobiogeography. – Review of Palaeobotany and Palynology **115**(1): 79–97.

FALCON-LANG, H.J., GIBLING, M.R. & GREY, M. (2010): Joggins, Nova Scotia. – Geology Today **26**(3): 108–114.

FORKE, H.C. (2002): Biostratigraphic subdivision and correlation of uppermost Carboniferous/Lower Permian sediments in the southern Alps: Fusulinoidean and conodont faunas from the Carnic Alps (Austria/Italy), Karavanke Mountains (Slovenia), and southern Urals (Russia). – Facies **47**: 201–275.

GOUDEMAND, N., ORCHARD, M., URDY, S., BUCHER, H. & TAFFOREAU, P. (2011): Synchrotron-aided reconstruction of the conodont feeding apparatus and implications for the mouth of the first vertebrates. – Proceedings of the National Academy of Sciences **108**: 8720–8724.

GUPTA, B.K.S., SMITH, L.E. & MACHAIN-CASTILLO, M.L. (2009): Foraminifera of the Gulf of Mexico. – In: FELDER, D.L. & CAMP, D.K. (Hrsg.): Gulf of Mexico – Origins, Waters, and Biota. Volume 1: Biodiversity. S. 87–129; Texas A&M University Press.

HAMPE, O. (1998): Fossile Amphibien in der Philatelie. – Fossilien **15**(6): 339–346.

HAMPE, O. (2009a): Die fossilen Wale und ihre nächsten Verwandten im Spiegel der Philatelie, mit Hinweisen auf bedeutende Fossilien in den Sammlungen des Museums für Naturkunde zu Berlin – Teil 1: Archaeoceti. – Der Aufschluss **60**(5): 263–282.

HAMPE, O. (2009b): Die fossilen Wale und ihre nächsten Verwandten im Spiegel der Philatelie, mit Hinweisen auf bedeutende Fossilien in den Sammlungen des Museums für Naturkunde zu Berlin – Teil 2: Neoceti, Hippopotamidae, Mesonychia. – Der Aufschluss **60**(6): 303–322.

HENDERSON, C.M. & ORCHARD, M.J. (1991): *Gondolelloides*, a new Lower Permian conodont genus from western and northern Canada. – Geological Survey of Canada Bulletin **417**: 253–267.

HIGGINS, A.C. (1961): Some Namurian conodonts from North Staffordshire. – Geological Magazine **98**(3): 210–224.

JANVIER, P. (1997): Euconodonta. Version 01 January 1997 (under construction). – http://tolweb.org/Euconodonta/14832/1997.01.01; The Tree of Life Web Project.

JOACHIMSKI, M. & BUGGISCH, W. (2002): Conodont apatite $\delta^{18}O$ signatures indicate climatic cooling as a trigger of the Late Devonian (F-F) mass extinction. – Geology **30**: 711–714.

JOACHIMSKI, M., BITTER, P.H. VON & BUGGISCH, W. (2006): Constraints on Pennsylvannian glacioeustatic sea-level changes using oxygen isotopes of conodont apatite. – Geology **34**: 277–280.

KÖNIGSHOF, P. (1992): Der Farbänderungsindex von Conodonten (CAI) in paläozoischen Gesteinen (Mitteldevon bis Unterkarbon) des Rheinischen Schiefergebirges. Eine Ergänzung zur Vitrinitreflexion. – Courier Forschungsinstitut Senckenberg **146**: 1–118.

KÖNIGSHOF, P. (2003): Conodont deformation patterns and textural alteration in Paleozoic conodonts: examples from Germany and France. – Senckenbergiana lethaea **83**(1/2): 149–156.

LAZARUS, D. (2017): WoRMS Polycystina: World list of Polycystina (Radiolaria) (version 2017-11-02). – In: ROSKOV, Y., ABUCAY, L., ORRELL, T., NICOLSON, D., BAILLY, N., KIRK, P.M., BOURGOIN, T., DEWALT, R.E., DECOCK, W., DE WEVER, A., NIEUKERKEN, E. VAN, ZARUCCHI, J. & PENEV L. (Hrsg.): Species 2000 & ITIS Catalogue of Life, 28th November 2017. – www.catalogueoflife.org/col. Species 2000; Naturalis, Leiden.

LEHMANN, U. & HILLMER, G. (1980): Wirbellose Tiere der Vorzeit. – 340 S.; Enke.

LINDSTRÖM, M. (1970): A suprageneric taxonomy of the conodonts. – Lethaia **3**: 427–445.

LORENZ, W. (2003): Die Entwicklung der fossilen Pflanzenwelt auf postalischen Dokumenten. Teil 1: Proterophyticum-Paläophyticum. – Veröffentlichungen des Museums für Naturkunde Chemnitz **26**: 97–116.

LORENZ, W. (2004): Die Entwicklung der fossilen Pflanzenwelt auf postalischen Dokumenten. Teil 2: Mesophyticum-Känophyticum. – Veröffentlichungen des Museums für Naturkunde Chemnitz **27**: 45–68.

MURDOCK, D.J.E., DONG, XI-PING, REPETSKI, J.E., MARONE, F., STAMPANONI, M. & DONOGHUE, P.C.J. (2013): The origin of conodonts and of vertebrate mineralized skeletons. – Nature **502**: 546–549.

NICOLL, R.S. (1995): Conodont element morphology, apparatus reconstruction and element function: a new interpretation of conodont biology with taxonomic implications. – Courier Forschungsinstitut Senckenberg **182**: 247–262.

NORBY, R.D. & REXROAD, C.B. (1985): *Vogelgnathus*, a new Mississippian conodont genus. – Indiana Geological Survey Occasional Paper **50**: 1–14.

PANDER, C.H. (1856): Monographie der fossilen Fische des silurischen Systems der russisch-baltischen Gouvernements. – 91 S.; Kaiserliche Akademie der Wissenschaften St. Petersburg.

PIETZNER, H., VAHL, J., WERNER, H. & ZIEGLER, W. (1968): Zur chemischen Zusammensetzung und Mikromorphologie der Conodonten. – Palaeontographica Abteilung A **128**(4-6): 115–152.

PURNELL, M.A. & BITTER, P.H. VON (1992): *Vogelgnathus* NORBY and REXROAD (Conodonta): new species from the Lower Carboniferous of Atlantic Canada and northern England. – Journal of Paleontology **66**: 311–332.

PURNELL, M.A., DONOGHUE, P.C.J. & ALDRIDGE, R.J. (2000): Orientation and anatomical notation in conodonts. – Journal of Paleontology **74**: 113–122.

REJEBIAN, V.A., HARRIS, A.G. & HUEBNER, J.S. (1987): Conodont color and textural alteration: An index to regional metamorphism, contact metamorphism, and hydrothermal alteration. – Geological Society of America Bulletin **99**(4): 471–479.

RIGO, M. & JOACHIMSKI M.M. (2010): Palaeoecology of Late Triassic conodonts: Constraints from oxygen isotopes in biogenic apatite. – Acta Palaeontologica Polonica **55**(3): 471–478.

SCHULTZE, H.-P. & HAMPE, O. (2001): Fossile Knochenfische in der Philatelie. – Fossilien **18**(4): 240–247.

SIMMONS, M.D., BOUDAGHER-FADEL, M.K., BANNER, F.T. & WHITTAKER, J.E. (1997): The Jurassic Favusellacea, the earliest Globigerinina. – In: BOUDAGHER-FADEL, M.K., BANNER, F.T. & WHITTAKER, J.E. (Hrsg.): Early evolutionary history of planktonic foraminifera, S. 17-30; Chapman & Hall.

SPINDLER, F. (2007): Flugsaurier auf Briefmarken: Entwicklung und Vielfalt einer bemerkenswerten Tiergruppe – die philatelistische Sammlung von

Kurt HÖPPNER, Chemnitz. – Veröffentlichungen des Museums für Naturkunde Chemnitz **30**: 131–146.

SWEET, W.C. (1988): The Conodonta: morphology, taxonomy, paleoecology,
and evolutionary history of a long-extinct animal phylum. – Oxford Mono-
graphs on Geology and Geophysics **10**: 1–212.

SWEET, W.C. & DONOGHUE, P.C.J. (2001): Conodonts: Past, present, future. –
Journal of Paleontology **75**: 1174–1184.

TISSOT, B.P. & WELTE, D.H. (1984): Petroleum Formation and Occurrence. –
699 S.; Springer.

TURNER, S., BURROW, C.J, SCHULTZE, H.-P., BLIECK, A., REIF, W.-E., REXROAD,
C.B., BULTYNCK, P. & NOWLAN, G.S. (2010): False teeth: conodont-
vertebrate phylogenetic relationships revisited. – Geodiversitas **32**(4):
545–594.